BEI GRIN MACHT SICH IHR WISSEN BEZAHLT

- Wir veröffentlichen Ihre Hausarbeit, Bachelor- und Masterarbeit
- Ihr eigenes eBook und Buch - weltweit in allen wichtigen Shops
- Verdienen Sie an jedem Verkauf

Jetzt bei www.GRIN.com hochladen und kostenlos publizieren

Bibliografische Information der Deutschen Nationalbibliothek:

Die Deutsche Bibliothek verzeichnet diese Publikation in der Deutschen Nationalbibliografie; detaillierte bibliografische Daten sind im Internet über http://dnb.d-nb.de/ abrufbar.

Dieses Werk sowie alle darin enthaltenen einzelnen Beiträge und Abbildungen sind urheberrechtlich geschützt. Jede Verwertung, die nicht ausdrücklich vom Urheberrechtsschutz zugelassen ist, bedarf der vorherigen Zustimmung des Verlages. Das gilt insbesondere für Vervielfältigungen, Bearbeitungen, Übersetzungen, Mikroverfilmungen, Auswertungen durch Datenbanken und für die Einspeicherung und Verarbeitung in elektronische Systeme. Alle Rechte, auch die des auszugsweisen Nachdrucks, der fotomechanischen Wiedergabe (einschließlich Mikrokopie) sowie der Auswertung durch Datenbanken oder ähnliche Einrichtungen, vorbehalten.

Impressum:

Copyright © 2017 GRIN Verlag, Open Publishing GmbH
Druck und Bindung: Books on Demand GmbH, Norderstedt Germany
ISBN: 9783668485822

Dieses Buch bei GRIN:

http://www.grin.com/de/e-book/372075/gedanken-zum-induzierten-widerstand-an-einem-tragfluegel

Michael Dienst

Gedanken zum induzierten Widerstand an einem Tragflügel

Randumströmung und Auffingerung an technischen Modelltragflächen

GRIN Verlag

GRIN - Your knowledge has value

Der GRIN Verlag publiziert seit 1998 wissenschaftliche Arbeiten von Studenten, Hochschullehrern und anderen Akademikern als eBook und gedrucktes Buch. Die Verlagswebsite www.grin.com ist die ideale Plattform zur Veröffentlichung von Hausarbeiten, Abschlussarbeiten, wissenschaftlichen Aufsätzen, Dissertationen und Fachbüchern.

Besuchen Sie uns im Internet:

http://www.grin.com/

http://www.facebook.com/grincom

http://www.twitter.com/grin_com

Gedanken zum induzierten Widerstand an einem Tragflügel
Randumströmung und Auffingerung an technischen Modelltragflächen

Michael Dienst[1], Berlin im Sommer 2017

Abstract. Im Nachlauf der Kantenumströmung eines Auftrieb erzeugenden Tragflügels entsteht ein kompakter Wirbel. Dieser durch den Druckgradienten am Randbogen induzierte Randwirbel bindet einen erheblichen Anteil der zur Erzeugung der Auftriebskräfte des Systems aufgebrachten Energie. Mit der nach der Tragflügeltheorie Prandtls vorausgesetzten elliptischen Auftriebsverteilung kann die Zirkulation des Wirbels ermittelt werden, die die axial ausgetragene Verlustleistung quantifiziert. Eine experimentelle Optimierungskampagne am Windkanal und die Anwendung der Evolutionsstrategie führt auf eine Auffingerung der Randbogenkontur eines Modellflügels mit der Anmutung des biologischen Vogelflügels.

Abstract. In the wake of the edge flow of a lift-generating wing, a compact vortex is created. This edge vortex, which is induced by the pressure gradient, binds a considerable portion of the energy applied to generate the lifting forces of the system. With the elliptical buoyancy distribution presupposed by Prandtl's aerodynamic theory, the circulation of the vortex, which quantifies an axially dissipated power loss, can be determined. An experimental optimization campaign at the wind tunnel and the application of the evolution strategy leads to a edge contour of a model wing with the appearance of a biological bird wing.

RANDWIRBEL

Nach der Tragflügeltheorie hängt die Auftriebskraft einer umströmten Tragfläche alleine von der Zirkulation ab [Kutta-Jankowski]. Überlagern sich an einem Strömungskörper (bei einer zweidimensionalen Modellvorstellung in der Profilebene des Strömungskörpers) ein translatorisches und ein rotatorisches Strömungsfeld, kommt es infolge der Zirkulation um diesen Körper zu Verzögerung der Strömung auf der einen und zu einer Beschleunigung der Strömung auf der anderen Seite. Nach der Bernoulli'schen Gleichung führt die Beschleunigung zu einer Druckminderung, die Verzögerung zu einer Druckerhöhung, was im Falle eines Tragflügels als Auftriebskraft spürbar wird. Für einen angeströmten, endlichen Rechtecktragflügel sei die Auftriebskraft elliptisch über den Auftrieb erzeugenden Körper

---

[1] Der Autor war 1981 als Student und von 1988 bis 1999 Wissenschaftlicher Mitarbeiter am Fachgebiet Bionik und Evolutionstechnik der Technischen Universität Berlin. Die in dieser Zeit herrschende Lehrmeinung und das verwendete Bildmaterial nach Darstellungen am Fachgebiet, ist Gegenstand des Aufsatzes und wird im Text *KURSIV* dargestellt. Das Fachgebiet B&E wurde im April/Mai dieses Jahres (2017) aufgelöst.

verteilt. Infolge des Druckgradienten kommt es am materiellen Ende der Tragfläche zu einer Umströmung der Tragflächenkante. Im Nachlauf der Kantenumströmung bildet sich nun ein kompakter Wirbel aus, der als durch den Druckgradienten induzierter Randwirbel in der Literatur beschrieben wird. Der induzierte Randwirbel bindet einen erheblichen Anteil der zur Erzeugung der Auftriebskräfte des Systems aufgebrachten Energie.

Ingo Rechenberg[2] ist Mitbegründer experimentellen und der nummerischen Evolutionsstrategie und war ab 1972 Professor für Bionik und Evolutionstechnik an der Technischen Universität Berlin. In seinen Skripten zur Vorlesung Bionik I[3], Kapitel 6 (Die Evolution aerodynamischer Tricks am Vogelflügel) schreibt Rechenberg:

> *Ein umströmter Flügel erzeugt auf seiner Oberseite Sog und an seiner Unterseite Druck. Es kommt (beim Rechteckflügel besonders deutlich) zu einer Druck-Sog-Randumströmung am Flügelende. Die Auftriebsentstehung lässt sich dann physikalisch auch so deuten: Es sind die zwei Wirbel am Ende eines Flügels, die hinter dem Flügel einen Abwind erzeugen, auf dem sich der Flügel abstützt.*
> *Eine Zuspitzung des Flügels ändert die Situation nicht grundsätzlich. Die Wirbel verteilen sich lediglich in Längsrichtung.*
> *Die Randwirbel erzeugen den induzierten Widerstand Wi. Ludwig Prandtl konnte für den elliptischen Flügelumriss (mit über die Spannweite konstantem Abwind) für Wi eine Formel ableiten. Die Formel gilt auch mit guter Näherung für den Rechteckflügel.*

Der induzierte Widerstand eines Flügels nach Prandtl: **Wi = (2 L^2/ $\pi \rho v^2 b^2$) [N]**

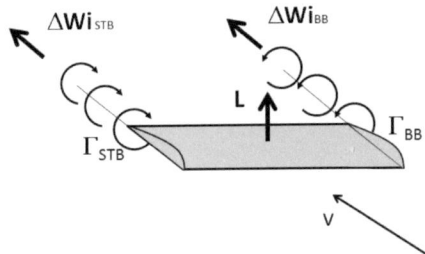

induzierter Widerstand eines Flügels
Wi = Σ (ΔWi) = (2 L^2 / $\pi \rho v^2 b^2$)

---

[2] Ingo Rechenberg (* 20.11.1934 in Berlin) ist einer der Mitbegründer des Einsatzes von evolutionsbiologischen Algorithmen in den Ingenieurwissenschaften. Er war ab 1972 Professor für Bionik an der Technischen Universität Berlin und dann kommissarischer Leiter des Lehrstuhls für Bionik und Evolutionstechnik an der TU Berlin. Die Spinnenart *Cebrennus rechenbergi* wurde nach ihm benannt. 1982 wird seine Konzentrator-Windturbine BERWIAN (Berliner Windkraft-Anlage) zum Patent angemeldet. BERWIAN kopiert das Prinzip der Strömungsbeschleunigung an einem gespreizten Vogelflügelende. Ehrungen: Lifetime Achievement Award of the Evolutionary Programming Society/USA (1995), Evolutionary Computation Pioneer Award of the IEEE Neural Networks Society/USA (2002), Senior Fellow of the International Society for Genetic and Evolutionary Computation/USA (2003), Visiting Fellow of the Shanghai Institute for Advanced Studies, Chinese Academy of Sciences (2005)

[3] Zur 6. Vorlesung Bionik I: Evolution aerodynamischer Tricks am Vogelflügel. Bildmaterial in Anlehnung an das Skript: , http://www.bionik.tu-berlin.de/institut/skript/vorlb1.htm

In den skizzenhaften Abbildungen bedeuten: Zirkulation Γ [m² s⁻¹] am Randbogen und Auftrieb eines Tragflügels Lift L [N], Dichte ρ [kg m⁻³] und Anströmgeschwindigkeit an der Tragflügelvorderkante v [ms⁻¹] Tragflügellänge b[m] und Profiltiefe t [m]. Der induzierte Widerstand eines Flügels ist die Summe der an den beiden Randbögen der Tragfläche induzierten Widerständen Wi = $\Sigma(\Delta Wi$) = (2 L²/ π ρ v² b²) [N]. Die Randwirbel haben unterschiedliche Drehrichtungen, die Zirkulation ist vom Betrag gleich. Die Graphiken entsprechen sinngemäß der Originalschrift, verwenden aber die Nomenklatur dieses Aufsatzes. Folgen wir nun weiter der Argumentation Rechenbergs:

Was lässt sich machen, um den induzierten Widerstand zu minimieren ohne dabei den Auftrieb zu verringern?
Nachfolgend zwei Denkmodelle. Wir schneiden den Tragflügel in Längsrichtung auseinander und fügen die Teile neu zusammen. Der Gesamtauftrieb ändert sich durch diese Operation nicht. Wir können die Flügelschnitte nun anders positionieren.

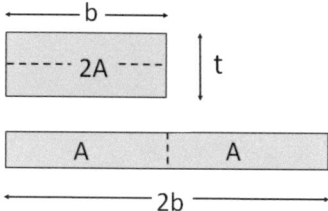

Ein rechteckiger Tragflügel mit der Profiltiefe t, einer Spannweite b und einer Fläche A wird nun der Länge nach aufgetrennt derart, dass zwei profiltreue Tragflächen entstehen. Die Koeffizienten des Lifts und des Reibungs-, Form- und Druckwiderstands sollen von der Operation unabhängig sein. Auch hier folgt Rechenberg der Argumentation Prandtls; wir lesen:

Im Denkmodell 1 fügen wir die Flügelschnitte in Richtung der Spannweite wieder aneinander. Durch die Verdoppelung der Spannweite b wird der induzierte Widerstand geviertelt. Das ist die Lösung hochgezüchteter Segelflugzeuge. Extrem schmale Flügel, die ihre Fläche in der Spannweite unterbringen, garantieren einen sehr geringen induzierten Widerstand.

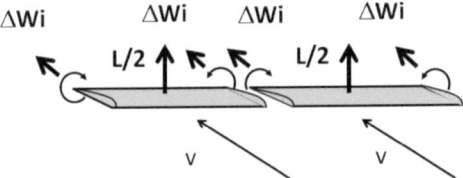

induzierter Widerstand vom Zwei- Tragflächentyp
$W_i = \Sigma(\Delta W_i) = 2(2(2\ L^2/4\pi\rho v^2 4b^2)) = L^2/2\pi\rho v^2 b^2$

Im Denkmodell 2 ordnen wir die Flügelschnitte übereinander an. Jeder Flügel besitzt durch den halbierten Auftrieb nur noch ein Viertel des induzierten Widerstands. Beide Flügel zusammen haben nunmehr in der gestaffelten Konfiguration ihren induzierten Widerstand halbiert.
Das ist die Lösung des Doppeldeckers. Damit die Flügel sich nicht gegenseitig beeinflussen (z. B. den Auftrieb wegnehmen), müssen sie allerdings hinreichend weit auseinander positioniert werden. Diese Bedingung haben die klassischen Doppeldecker nicht erfüllt.

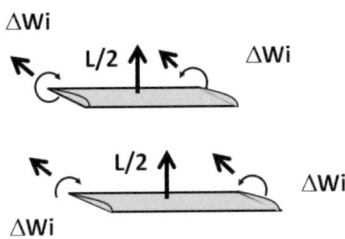

induzierter Widerstand vom Doppeldeckertyp
$W_i = \Sigma(\Delta W_i) = L^2/(2\ \pi\ \rho\ v^2\ b^2\ )$

Vögel, deren Lebensraum der grenzenlose Luftraum über der See ist, haben die Lösung der hohen Flügelstreckung verwirklicht. Paradebeispiel für diese optimale Lösung der Evolution ist der Albatros. Er gilt als der aerodynamisch am besten "durchgestylte" Flieger der Natur. Der Albatros kann durch seine hohe aerodynamische Güte ohne Flügelschlag über dem Meer fliegen. Die notwendige Energie bezieht er aus dem Scherprofil des Windes über der Meeresoberfläche. Der Albatros beherrscht die Kunst des dynamischen Segelfluges.

Vögel, die auf dem Lande zwischen Felsen, Bäumen und sonstigen Hindernissen manövrieren müssen, haben das gespreizte Flügelende entwickelt. Da sie überall anstoßen können, verbietet sich die Lösung der hohen Spannweite. Die gestaffelten Flügelfinger lassen sich als Ansätze zu einem Doppel- bzw. Vielfachdecker deuten. In Flügelmitte behält der Vogel den Eindecker bei. Erst am Flügelende, wo sich die Randwirbel bilden, wird zum Mehrdecker "übergeblendet". Die Winglets (Flügelohren) an den heutigen modernen Flugzeugen muss der Bioniker als Vorstufe des Vogel-Spreizflügels ansehen.

ZIRKULATION, WIDERSTAND und VERLUSTLEISTUNG

Nach dem Satz von Kutta-Joukowsky kann die auftriebsbehaftete Umströmung eines Profils als Kombination aus Parallel- und Zirkulationsströmung betrachtet werden, sofern die Kutta'sche Abflussbedingung erfüllt ist. Diese fordert ein glattes Abströmen des Fluids an der Hinterkante. In der Tragflügeltheorie wird der Lift einer endlichen Tragfläche über die Zirkulation Γ am Randbogen des Flügels beschrieben. Evaluation und Identität der Auftriebsformel führt auf eine Form $\Gamma = F(c_L, t, v)$ nach Prandtl:

Lift L [N]: $\qquad L = \Gamma \cdot \rho \cdot v \cdot b = c_L \cdot A \cdot \frac{1}{2} \cdot \rho \cdot v^2$
Zirkulation Γ [m² s⁻¹] $\qquad \Gamma = c_L \cdot \frac{1}{2} t \cdot v$

Die Zirkulation ist nach der Prandtl-Gleichung sowohl von der Konturtiefe t [m] eines Profils (mit dem Liftbeiwert c_L) als auch von der in dieser Ebene herrschenden Strömungsgeschwindigkeit v [m/s] linear abhängig sowie definitorisch vom Schlankheitsgrad $\lambda = A_a/b^2$ also $\lambda = t/b$ eines rechteckigen „Vergleichsflügels". Diese Vergleichsgeometrie in Verbindung mit einer von Prandtl vorausgesetzten elliptischen Auftriebsverteilung, bereitet in einer verallgemeinernden Argumentation natürlich Sorge. Die Einheit der Zirkulation Γ [m²s⁻¹] erscheint insofern seltsam, solange wir uns nicht vergegenwärtigen, dass der Tragflügel an seinem Randbogen eine Umformleistung am Fluid vollbringt. Die Zirkulation darf als treibendes Element in einem strömungsdynamischen Produktionsterm angesehen werden. Von einer fluiddynamisch wirksamen Tragfläche wird produziert:

Liftleistung $\qquad P_L = \Gamma \cdot \rho \cdot v^2 \cdot b = c_L \cdot A \cdot \frac{1}{2} \cdot \rho \cdot v^3 \quad$ (axialer Leistungsaustrag)
Widerstandsleistung $\quad P_W = \frac{1}{2} \cdot \rho \cdot v^3 \cdot \Sigma_k(c_{Wk} \cdot A_k) \quad$ (radialer Leistungsaustrag)
$\qquad\qquad\qquad\qquad$ inklusive der Verformungsleistung am Fluid.

In der kumulierten Widerstandsleistung $P_W = \frac{1}{2} \cdot \rho \cdot v^3 \cdot \Sigma_k(c_{Wk} \cdot A_k)$ kommt dem induzierten Widerstand die Hauptrolle zu. Der induzierte Widerstand und der Koeffizient des induzierten Widerstands sind wie oben gezeigt herleitbar als:

Nach Prandtl und mit $c_i = c_L^2/2\pi$: $\qquad W_i = c_i \cdot A \cdot \frac{1}{2} \cdot \rho \cdot v^2 = L^2 / (\pi \cdot \frac{1}{2} \cdot \rho \cdot v^2 \cdot b^2)$
Die Zirkulation am Flügeltopp: $\qquad \Gamma = c_L \cdot \frac{1}{2} t \cdot v$; mit dem Schlankheitsgrad $\lambda = t/b$

folgt der induzierte Widerstand: $W_i = 2 \cdot \Gamma \cdot L / (t \cdot v \cdot \pi \cdot \lambda) = W_i = 2 \cdot \Gamma \cdot L / (b \cdot v \cdot \pi)$

Unter den kumulierten Partialwiderstanden $W=F(v, \Sigma_k(c_{Wk} \cdot A_k))$ eines Tragflügelsystems kommt dem induzierten Widerstand der größte Anteil zu. Der induzierte Widerstand ist immer dann die Währung in der man bezahlt, wenn man Querkraft bestellt hat. Die von einem Tragflügel generierte Wirbelenergie wird als kritisch eingestuft, denn von einem Fahrzeug, sei es ein Segelschiff oder ein Flugzeug, muss die in den Wirbeln vorhandene und in die Formänderung des (gegebenenfalls stehenden) Fluids abgeführte Energie, erst einmal aufgebracht werden. Deshalb ist der Verlust von Randwirbelenergie essentiell insbesondere dann, wenn der Anteil an der Gesamtenergie des Fahrprozesses groß ist. Der Verzehr an Widerstands- und Wirbelenergie bzw. die Reduktion der Verlustenergie ist deshalb Gegenstand rezenter Forschung und Entwicklung. Die Fortschritte auf dem Gebiet der Randwirbelkontrolle bleiben aber weit hinter den Erwartungen aller an diesen Fragestellungen Arbeitenden zurück. Immerhin, bei Flugzeugen sind inzwischen so genannte „Winglets" Stand der Technik: kleine „Anflügel", die die Randwirbelentwicklung vorteilhaft beeinflussen. Bei Seefahrzeugen sucht man ähnliche Lösungsansätze für Leit- und Steuertragflächen bislang vergebens. Warum tritt die Entwicklung hier auf der Stelle? Ein Grund mag die komplizierte Zertifizierung von Luft- und Seefahrzeugen, die eine Vorlaufzeit der Innovation bis zu deren Realisierung am Flugzeug oder Schiff von durchaus einer Dekade erfordert sein. Vielleicht ist es auch ein Kommunikationsproblem zwischen Forschern, Entwicklern und Gestaltern.

Besitzt man Kenntnisse über die aus dem Randwirbelgeschehen herrührende Widerstandskraft, kann die (theoretische) Verlustleistung, also die im Prozess in das Fluid eingekoppelte fluidische Leistung hergeleitet werden:

$$P_{WIRBEL} = 2 \cdot \Gamma \cdot L \cdot v / (b \cdot v \cdot \pi) = 2 \cdot \Gamma \cdot L / (b \cdot \pi) \quad [N\,m^2/s/m], [W]$$

Die Formel gilt formal nur für Rechtecktragflügel oder gegebenenfalls schlanke Trapeze. Ich verwende sie hier dennoch, wenn auch vorsichtig. Die theoretische (Netto-) Verlustleistung ist somit hier die vom Tragflügel „wahrscheinlich" in die Strömung eingekoppelte Leistung. Der Flügel funktioniert in diesem Fall als Arbeitstragfläche. Bei einem Schiff, respektive einem Segelsystem wird die Antriebsleistung auch zum Manövrieren verbraucht; Seefahrzeuge sind deshalb sowohl Arbeits- als auch Kraftsysteme, was ihre energetische Analyse verkompliziert. Der sich im Nachlauf der Kantenumströmung des Tragflügels ausbildende Randwirbel stammt aus dem Druckgradienten am Flügelende und besitzt, abhängig von der Geometrie dort eine beschreibbare Qualität.

Schade. Würde der induzierte Randwirbel nicht einen erheblichen Anteil der zur Erzeugung der Auftriebskräfte des Systems aufgebrachten Energie aufzehren, wäre es eine interessante Aufgabe, die Bedingungen zu untersuchen, unter denen der vom Tragflügel generierte Randwirbel kompakt und stabil wird und einen hohen Energieumsatz leistet; in der Art eines Produktionswirkungsgrades. So aber gehört der vom (braven) Tragflügel generierte Randwirbel nicht zu den Guten. Und darf nicht einfach so optimiert werden!

HYPOTHESE UND EVALUATION

Unterdessen hielt sich am Fachgebiet eine über sehr viele Jahre hinweg stabile Lehrmeinung, die ich als junger wissenschaftlicher Mitarbeiter ebenfalls vertrat. Nach dreißig Jahren etwas vorsichtiger geworden, gestatte ich mir an dieser Stelle die Lehrmeinung in eine Funktionshypothese zu kleiden:

Hypothese über den induzierten Widerstands einer fluidmechanisch wirksamen Tragfläche.

Lemma L0.: Die Randumströmung am Flügelende einer endlichen, (vertikale, radiale) Querkraft erzeugenden Tragfläche führt auf eine Wirbelstruktur im Nachlauf dieses Tragflügels, die von deren Randbogen (horizontal, axial) abfließt. Idealerweise sei dieser Randwirbel kompakt, stromabwärts stabil und von einer zylinderförmigen Gestalt mit der radialen Schnittfläche A.

Lemma L1.: Die radiale Schnittfläche A des zylinderförmigen Randwirbels, der aus der Randumströmung am Flügelende einer endlichen, fluidmechanisch wirksamen Tragfläche stammt, sei proportional dem Quadrat der signifikanten Profiltiefe t am Tragflügelende oder in der Nähe des Randbogens. $A \sim t^2$

Lemma L2.: In Bewegung entzieht die Produktion des Randwirbels dem System Energie derart, dass eine (horizontale, axiale) Widerstandskraft am Tragflügel wirksam wird. In einer Schar von axialen Widerstandskomponenten am Tragflügelsystem sei die vom Randwirbelgeschehen induzierte Widerstandskraft Wi proportional der radialen Schnittfläche A.
$$Wi \sim F(A)$$

Die Berliner Bioniker waren damals in den 80er Jahren des vergangenen Jahrhunderts in der glücklichen Situation, Funktionsvermutungen, Deutungsmodelle und Hypothesen experimentell überprüfen, bestätigen bzw. verwerfen zu können. Es gab zwei mit reichhaltigem Messequipment ausgestattete Windkanäle, Experimentierstände, Werkstätten und zu guter Letzt die zu dieser Zeit ausentwickelte Optimierungsmethode, die Evolutionsstrategie. Kern und Ausgangspunkt einer experimentellen Optimierungskampagne war ein an seinem Randbogen n-fach geschlitzter Blechtragflügel. Als

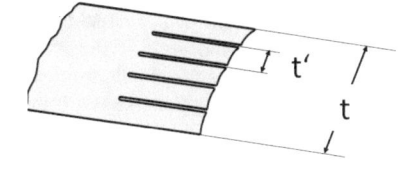

Qualitätsfunktion sollten die radialen Querkräfte und axialen Widerstandskräfte für eine definierte Strömungswirklichkeit im Windkanal ermittelt werden.
Die so genannte Lilienthal-Polare $1/G = C_L/C_W$, das Verhältnis des Liftbeiwertes zum Widerstandskoeffizienten über den Anstellwinkel der Tragflügelkonfiguration, war aus vorangegangenen Untersuchungen bekannt. Den Aeromechanikern und praktizierenden Segelfliegern am Fachgebiet Bionik und Evolutionstechnik war natürlich der aus der Lilienthal-Polare ablesbare Gleitwinkel G der vertrautere Leistungsparameter in einer Tragflügelanalyse. Der Gleitwinkel G tritt beispielsweise bei der Berechnung der Sinkgeschwindigkeit v_{SINK} eines Segelflugzeugs der Masse m und der Tragflügelfläche A, also $v_{SINK} = (2 \cdot g \cdot m \cdot C_W^2 / \rho \cdot A \cdot C_L^3)^{½}$ der Term (C_W^2/C_L^3) hervor, der in einer Optimierungskampagne

über Fluggeräte die Rolle der komplexen Qualitätsfunktion spielen soll. Auf der Basis der Rechenberg'schen Argumentation, respektive der oben angeführten Hypothese sollte es nun möglich sein, auf experimentellem Wege eine spezifische Auffingerung des Randbogens der Tragfläche zu finden. Eine Auffingerung, die eine relevante Reduktion des induzierten Widerstands $Wi \sim A \sim t^2$ des Gesamtsystems realisiert. Der induzierte Widerstand gilt als die dominante Komponente der (axial wirkenden) Widerstandskraft am Tragflügelsystem.

Für die n Tragflügelfinger der (partiellen) Profiltiefe $t' = t/n$ gilt nun: $\Sigma^n t'_n = t$. Aus der Funktionshypothese stammen die beiden Lemata:

L 2.: $\quad\quad\quad\quad Wi \sim F(A)$
L 1.: $\quad\quad\quad\quad Wi \sim F(f(t'^2))$

Für die partiellen induzierten Widerstände $\Sigma^n Wi'_n$ gilt in gleicher Weise die Vermutung aus dem Lemma 1, also:

$Wi \sim n \cdot t'^2$ und weiter: $\quad Wi \sim n \cdot t^2/n^2$ und somit: $\quad$ **$Wi \sim t^2/n$**

Bei einer Auffingerung des Tragflügelrandbogens in n=5 Partialflächen werden nun also nur noch (verheißungsvolle $Wi = F(t^2 \cdot n^{-1})$) zwanzig Prozent des gesamten induzierten Widerstands aus der Randbogenumströmung fällig. Diese theoretische Vorlage war dann auch der Ausgangspunkt der experimentellen Optimierungskampagne auf der Basis der Evolutionsstrategie am heimischen Windkanal des Fachgebiets Bionik und Evolutionstechnik der TU Berlin in den 80er Jahren des vergangenen Jahrhunderts. Die Evolutionsstrategie ist ein „lokales Suchverfahren". Als lokal werden Suchalgorithmen bezeichnet immer dann, wenn die von einer Qualitätsfunktion aufgespannte Topologie in einem begrenzten Gebiet um den aktuellen Arbeitspunkt herum untersucht wird. Lokale Suchalgorithmen wie die Evolutionsstrategie sind robust, benötigen geringen strukturellen Aufwand und arbeiten schnell. Ihr Einsatzgebiet ist das hochdimensionale Qualitätsgelände nicht geschlossen beschreibbarer Funktionen, wie in diesem Fall das Experimentierfeld um einen Strömungskanal. Der auf Iterationen basierende Kernmechanismus ist die Ähnlichkeitsvariation der Objektvariablen V. Die Variation ΔV_n der Objektvariablen V ist komplementär zu ihrer Variablenvergangenheit V_n.

$$V_{n+1} = V_n + \Delta V_n$$

Als Objektvariablen ist in dieser experimentellen Umgebung die Anwinkelung der einzelnen Tragflügelfinger (in Analogie zu den Gefiederfingern des biologischen Vorbilds) zu verstehen. In fortschreitenden diskreten Intervallen (n) erhalten wir eine über das Qualitätsgelände der gestellten Optimierungsaufgabe verlaufende Spur der Systemzustände, beschrieben durch den Vektor V der Objektvariablen in einer Ahnenfolge (V_{n+1}, V_{n+2}, V_{n+3},....usw.). Bei der Evolutionsstrategie wird die Ähnlichkeitsvariation ΔV_n durch den mit der Variationsschrittweite δ_n dotierten Zufallszahlenvektor Z bestimmt:

$$V_{m, n+1} = V_{m, n} + \delta_{m, n} Z_{m, n}$$

Evolutionsstrategien simulieren das biologische Wechselspiel von Variation und Selektion in jeder Generation und wenden es auf mathematisch modellierte Optimierungsaufgaben an. Dabei werden in einem einfachsten Szenario m Kopien eines Startsystems erstellt. Zufällige Modifizierungen führen auf eine Schar von m Variationen $\Delta V_{m,n}$ des Elter-Systems (Mutation). In jeder Generation n werden alle Variationen des aktuellen Elter (in bestimmten Strategien einschließlich dem Elter, siehe

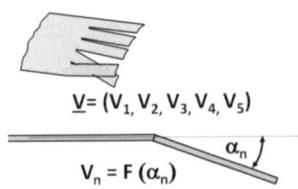

$\underline{V} = (V_1, V_2, V_3, V_4, V_5)$

$V_n = F(\alpha_n)$

[Rec-94]) mittels einer Zielfunktion einer Bewertung unterzogen, die Qualität aller Systeme wird berechnet oder gemessen (Evaluation). Bei den hierbeschriebenen Windkanalexperimenten wird die Qualitätsfunktion von dem Widerstandsgebaren des Tragflügels kontrolliert.

MUTANTEN und ELTER, respektive ihre Qualitäten, bilden somit ein gemeinsames Selektionsensemble. Aus der Schar bewerteter Systeme wird ein neuer, aktueller Elter für die folgende Generation erwählt (Selektion). Mit der Variation dieses Elter-Systems setzt sich die Kampagne fort. Auf diese Weise steigt die Qualität des Ensembles von Generation zu Generation, bzw. fällt nicht hinter die des aktuellen ELTER zurück. Aus biologistischer Sicht betrachtet, untersuchen Evolutionsstrategien (jedoch nur) den Phänotyp eines Zielsystems und zielen somit auf das „äußere Evolutionsgeschehen". Der Variation kommt bei evolutionären Algorithmen eine besondere Bedeutung zu. In unserem Szenario sollen normalverteilte zufällige Variationen den Objektvariablen- Vektor des Nachkommen von dem des ELTER unterscheiden. Neben den Merkmalen des als ELTER der nächsten Generation bestellten Nachkommen wird ein Strategieparameter vererbt: die Variations-Schrittweite δ. Sie ist in einfachen Evolutionsstrategien ein Skalar δ_n (globale Schrittweite) oder den Komponenten des Objektvariablen- Vektors $V_{m,n}$ zugeordnet $\delta_{m,n}$ (individuelle Schrittweite) Ein einfachster evolutionärer Optimierungsansatz besteht wenigstens aus folgenden formalen Elementen:

ein	Elter	... generiert ...
m	Variationen ΔV	... über ...
g	Generationen	.. mit einer ...
δ, δ	Variationsschrittweite	... und n
Z	normalverteilten Zufallszahlen	

Mit dem Grad der Nachahmung der biologischen Evolution nimmt die Güte der Algorithmen zu. Die Abbildung[4] unten zeigt die Ahnengalerie und die Fortentwicklung der Auffingerung des Tragflügelrandbogens im evolutionsstrategischen Optimierungsumfeld.

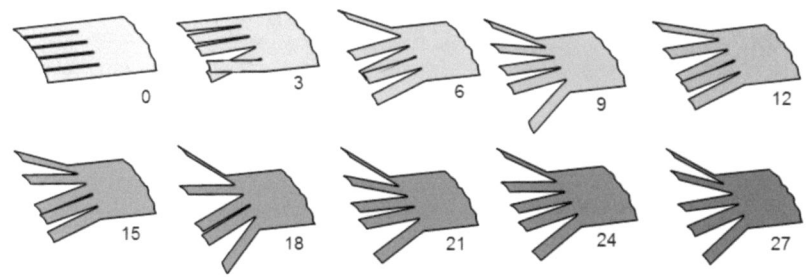

---

[4] Abbildung sinngemäß nach: Vorlesungen zur Bionik I: http://www.bionik.tu-berlin.de/institut/skript/vorlb1.htm

Die Messeinrichtung ermittelt nun die Auftriebskraft und die Widerstandskraft über eine Schar von Anstellwinkeln der Tragflügelvarianten einer Generation. Der beste Nachkomme sei der Elter der folgenden Generation und so weiter. Aus der Lilienthalpolare $1/G = C_L/C_W$ wird der Quotient (C_W^2/C_L^3) berechnet damit die Sinkgeschwindigkeit eines Flugsystems (hier das Modell eines Bussards: m=0.8 kg, A=0,2m²) mit und ohne Auffingerung ermittelt (die etwas unorthodoxe Argumentationsweise bitte ich an dieser Stelle zu entschuldigen)[5]. Der Gleitwinkel sei optimal, wenn der Quotient ein Minimum ist $(C_W^2/C_L^3)_{MIN}$.

Sinkgeschwindigkeit v_{SINK} [ms^{-1}] eines Flugsystems: $\qquad v_{SINK} = (2 \cdot g \cdot m \cdot C_W^2 / \rho \cdot A \cdot C_L^3)^{\frac{1}{2}}$

Schon nach etwa 20 Generationen konvergiert das Bild der Anwinkelungen der Tragflügelfinger zu einer durchaus erwartbaren Konfiguration, das in seiner Anmutung dem aufgefingerten Vogelflügel doch recht nahe kommt.

Flugsystem ohne Randbogenauffingerung: $(C_W^2/C_L^3)_{MIN} = 0.0216$, $v_{SINK} = 1.23$ m/s
Flugsystem mit Randbogenauffingerung: $\;\;(C_W^2/C_L^3)_{MIN} = 0.0188$, $v_{SINK} = 1.15$ m/s

Die Optimierungskampagne aus den späten 70er Jahren galt als Erfolg, konnte auf diese Weise doch gezeigt werden, dass eine Auffingerung der Randbogenkontur eines Modelltragflügels zu einer Verminderung der Widerstandskraft des Gesamtsystems führt. Dieses Forschungsergebnis rief in Aeromechaniker-Kreisen durchaus Erstaunen hervor. Gleichzeitig blieb seitens der Bionik die Intensität des (biologischen) Phänomens überschätzt und die Reduzierung des induzierten Widerstands durch das dargestellte Auffingerungsmodell an einem artifiziellen Tragflügelende weit hinter den Erwartungen der Berliner Akteure zurück.

Weiterführende Literatur zur experimentellen und numerischen Evolutionsstrategie

[Abt 03] Abt, C.; Harries, S.; Heimann, J.; Winter, H.(2003): From Redesign to Optimal Hull Lines by means of Parametric Modeling, 2nd International Conf. on Computer Applications and Information Technology in the Maritime Industries, Hamburg.
[Boh- 09] Bohnacker, H.; Gross, B.; Laub, J.; Lazzeroni, C. (2009). Generative Gestaltung. Schmidt Hermann Verlag.
[Bre 09] Brenner, M.; Abt, C.; Harries, S.(2009): Feature Modelling and Simulation-driven Design for Faster Processes and Greener Products, ICCAS, Shanghai, 2009
[Die10-1] Dienst, Mi. (2010) Optimierung mit Fortschritt Spektren Adaption. GRIN-Verlag GmbH München. ISBN (E-Book): 978-3-640-55397-6, ISBN: 978-3-640-55355-6.
[Han-98] Hansen, N. (1998) Verallgemeinerte individuelle Schrittweitenregelung in der Evolutionsstrategie. Dissertation, Technische Universität Berlin 1998.
[Her-00] Herdy, Michael, (2000) Beiträge zur Theorie und Anwendung der Evolutionsstrategie. Mensch und Buch Verlag, Berlin.
[Her-05] Herdy, Michael, (2005) Anwendung der Evolutionsstrategie in der Industrie. In Evolution zwischen Chaos und Ordnung. S. 123 – 138. Freie Akademie Verlag, Bernau.

---

[5] Argumentation und Lehrmeinung (1981) am Fachgebiet Bionik und Evolutionstechnik der TU Berlin.

[Kos-03] Kost, Bernd, (2003) Optimierung mit Evolutionsstrategien. Harri Deutsch Verlag, Frankfurt a. M.
[Kre-08] B. Krebber, H.-D. Kleinschrodt und K. Hochkirch: (2008) Fluid-Struktur-Simulation zur Untersuchung intelligenter Mechanik von Fischflossen. ANSYS Conference & 26. CADFEM Users´ Meeting, ISBN-3-937523-06-5
[Ost-97] Ostermeier, A. (1997) Schrittweitenadaptation in der Evolutionsstrategie mit einem entstochastisierten Ansatz. Diss. Technische Universität Berlin 1997.
[Rea- 07] Reas, C.; Fry, B. (2007): Processing: A Programming Handbook for Visual Designers and Artists. MIT Press. 2007.
[Rec-94] Rechenberg, Ingo, (1994) Evolutionsstrategie. Frommann Holzboog Verlag Stuttgart- Bad Cannstatt.
[Sche-85] Scheel, Armin (1985) Beitrag zur Theorie der Evolutionsstrategie. Dissertation, TU Berlin.
[Schw-95] Schwefel, H.–P. (1995) Evolution and Optimum Seeking. John Wiley & Sons. New York.

BEI GRIN MACHT SICH IHR WISSEN BEZAHLT

- Wir veröffentlichen Ihre Hausarbeit, Bachelor- und Masterarbeit

- Ihr eigenes eBook und Buch - weltweit in allen wichtigen Shops

- Verdienen Sie an jedem Verkauf

Jetzt bei www.GRIN.com hochladen und kostenlos publizieren